Bibliografische Information der Deutschen Nationalbibliothek:

Die Deutsche Bibliothek verzeichnet diese Publikation in der Deutschen Nationalbibliografie; detaillierte bibliografische Daten sind im Internet über http://dnb.d-nb.de/ abrufbar.

Impressum:

Druck und Bindung: Books on Demand GmbH, Norderstedt Germany
ISBN: 978-3-668-11540-8

Dieses Buch bei GRIN:

http://www.grin.com/de/e-book/124150/maislabyrinthe-in-deutschland-eine-betriebszweigbetrachtung

Monika Dandemoraju

Maislabyrinthe in Deutschland. Eine Betriebszweigbetrachtung

GRIN Verlag

Maislabyrinthe in Deutschland

- eine Betriebszweigbetrachtung –

Hausarbeit im Rahmen des Moduls Betriebsumstellung und -optimierung
WS 2008/2009

Monika Dandemoraju

Inhaltsverzeichnis

1. Einleitung

Maislabyrinthe haben sich im Lauf der letzten zehn Jahre in der Bundesrepublik sehr stark verbreitet und erfreuen immer größerer Beliebtheit. Sie locken in den Sommermonaten bundesweit viele tausend Besucher ins Grüne und in die Irre.
Neben einem schönen Freizeitvergnügen für die Besucher, kann ein Maislabyrinth auch eine lukrative Einkommensquelle für den Landwirt sein. Betrachtet man nun die vielen unterschiedlichen Maislabyrinthe, die es in Deutschland gibt, im Jahr 2008 waren es über 70 Irrgärten, merkt man, dass keines wie das andere ist, alle sind individuell und einzigartig.
Vor diesem Hintergrund stellt es sich als schwierig heraus, eine genaue Betriebszweiganalyse zu erstellen, die Beweggründe, ein Maislabyrinth zu erstellen und auch die Umsetzungen sind einfach zu verschieden.
Deshalb habe ich mich im folgenden darauf beschränkt, Allgemeines über Maislabyrinthe zu erläutern, sowie einige Beispiele näher zu betrachten und auf die Möglichkeiten, die ein Maislabyrinth mit sich bringt, einzugehen.
Weiterführend habe ich eine Umfrage unter den Veranstaltern von einem Maislabyrinth im Sommer 2008 durchgeführt. Die Ergebnisse dieser Umfrage werden erläutert und ausgewertet.

2. Die Vielfalt der Maislabyrinthe in Deutschland

2.1. Labyrinth und Irrgarten

Das ursprüngliche Labyrinth hat im wesentlichen immer die gleiche Form. Von einem Kreuz ausgehend, werden sieben, oder mehr Kreise gezogen, die einen verschlungenen Weg bilden. Dieser Weg hat keine Abzweigungen, keine Sackgassen und keine Irrwege. Er führt hin und her, biegt immer wieder nach innen und nach außen ab und führt schließlich zur Mitte. Dort ist der Ort der Umkehr, und es führt der gleiche Weg wieder nach außen zurück. Der Weg des Labyrinths symbolisiert den schwierigen und verschlungenen Lebensweg des Menschen.
In einem Irrgarten dagegen muss der Weg zum Zentrum durch viele Abzweigungen und Kreuzungen hindurch gefunden werden.
Auf den ersten Blick gleichen sich Labyrinth und Irrgarten, doch setzten sie Besucher ganz gegensätzlichen Erfahrungen aus. Im klassischen Labyrinth kann man sich auf die innere Erfahrung konzentrieren, sicher geleitet zu werden. Man muss keine Bedenken haben, sich zu verirren, auch wenn der Weg sehr lang erscheint. Irrgärten hingegen sind dazu geschaffen, den Besucher in die Irre zu führen, die innere Unsicherheit macht sich in einem solchen Irrgarten an jeder Kreuzung breit (SCHNEIDER, 2004).
Das Labyrinth gehört zu den kulturellen Urschätzen der Menschen. Es ist ein einfaches Symbol für die komplexen Gegensätze der Lebensordnungen. Im Gegensatz zur Spiralform kommt die labyrinthische Struktur in der Natur nicht vor. Das Labyrinth ist eine Schöpfung der Menschen. Bereits in prähistorischer Zeit haben sie für den Kreislauf von Werden, Vergehen und Neuwerden dieses gleichnishafte Ursymbol geschaffen. Die Labyrinthform bezeugt, dass die Menschen die Gesetze ihres Daseins erkannt und akzeptiert haben.
Seit Jahrtausenden werden Labyrinthe in Felsen oder Ton geritzt, in alte Handschriften gezeichnet, auf Keramiken gemalt, oder mit Steinen am Boden ausgelegt. Das älteste datierbare Labyrinth wurde bei Ausgrabungen im Palast von Nestor in Pylos, Griechenland gefunden. Um 1200 v. Chr. wurde der Palast durch ein Feuer zerstört. Die Tafel wird von dieser Zeit sein. Noch älter sind Labyrinthe als Felsritzungen, aber sie sind schwer zu datieren. Beispiele von Labyrinthe in Europa sind wahrscheinlich 3000 - 4000 Jahre alt.
Irrgärten erschienen in der Gartenarchitektur der Renaissance und Barock. Zwischen dem 14. und 18. Jahrhundert wurden viele Garten-Labyrinthe und Irrgärten mit

verschlungenen Wegen angelegt. Ein Irrgarten ist eine Anlage mit einem verzweigten, kunstvoll-komplizierten Wegesystem, das meist von übermannshohen Hecken gebildet wird. Der Reiz des Hecken-Irrgartens besteht in dem Gefühl des zeitweiligen Gefangenseins durch Hindernisse aus blickdichten und undurchdringlichen Hecken (SAWARD, 2003).

Heute findet man Irrgärten auf Jahrmärkten und in Vergnügungsparks. Innenwände aus Glas und Spiegel tragen zur lustvollen Verwirrung bei. Zerrspiegel in den Gängen bringen zusätzliches Vergnügen.

In einer Zeit urbaner Siedlungsräume, World Wide Web und Supermarkt gewinnt das Labyrinth zunehmend an Popularität. Das Erlebnis totaler Desorientierung, Konzentration auf die eigene Wahrnehmungsfähigkeit, sich auf seine Sinne verlassen müssen, übt auf viele Menschen eine starke Faszination aus.

Labyrinthe und Irrgärten wurden früher, wie bereits erwähnt, oft als Teil von Parks oder Gärten angelegt. Heute erfreuen sich die relativ schnell wachsenden Maislabyrinthe großer Beliebtheit.

2.2. Maislabyrinthe

Maislabyrinthe sind strenggenommen keine Labyrinthe, sondern Irrgärten, da sie in den meisten Fällen mehrere Möglichkeiten bieten, an das Ziel zu gelangen und auch häufig Sackgassen aufweisen, die im klassischen Labyrinth nicht vorkommen. Trotzdem wird im Folgenden der Begriff „Maislabyrinth“ als Synonym für „Maisirrgarten“ beibehalten.
Der erste Maisirrgarten wurde von A. Fisher und D. Frantz 1993 in Annville, Pennsylvania in den Umrissen eines riesigen Steganosaurus angelegt (SAWARD, 2003). Im Laufe der Jahre haben immer mehr Landwirte auch in Europa die attraktive Zuverdienstmöglichkeit durch ein Maislabyrinth entdeckt. Die genaue Anzahl der Maisirrgärten in Deutschland lässt sich aufgrund fehlender zentraler Erfassung nicht eindeutig feststellen. Jedoch gibt es auf der Internetseite *www.agrar.de* eine Sammlung von Adressen, nach welcher es im Jahr 2008 bundesweit fast 70 Feldlabyrinthe gab, wovon der Großteil Maislabyrinthe waren. Es wurden jedoch auch Labyrinthe in Hanf, Sonnenblumen, Topinambur und sogar eines in Elefantengras angelegt. Ein Faktor für die rasche Verbreitung in Deutschland während den letzten zehn Jahren dürfte ein vom Deutschen Mais- Komitee (DMK) von 2001 bis 2004 ausgeschriebener Wettbewerb gewesen sein, bei dem jedes Jahr die schönsten oder originellsten Anlagen mit gut dotierten Preisen ausgezeichnet wurden.

Abb. 1: Feldlabyrinthe in Deutschland 2008
(Quelle: http://www.agrar.de/labyrinth/ (Stand: 03.01.2009))

Auf der obenstehenden Karte ist zu erkennen, dass sehr viele Labyrinthe im westlichen Teil Deutschlands, also in Nordrhein-Westfalen, West-Niedersachsen,

Süd-Hessen und Baden-Württemberg zu finden sind. Außerdem gibt es einige in den Touristikgebieten Norddeutschlands an der Nord- und Ostseeküste. In den anderen Bundesländern sind Labyrinthe nur vereinzelt und dann eher in der Nähe von Großstädten wie beispielsweise München angelegt worden.

Maislabyrinthe werden aus ganz unterschiedlichen Beweggründen organisiert und angelegt. Mancher Landwirt erhofft sich ausschließlich einen lukrativen Nebenerwerb bei gleichzeitiger betrieblicher Nutzung der angebauten Kulturen. Durch ein Maislabyrinth erhöht sich der Deckungsbeitrag des Maisanbaus erheblich. Bei anderen Organisatoren steht die Überlegung im Vordergrund, dass sich durch eine solche Anlage die touristische Attraktivität eines Ortes oder einer Region erhöhen kann. Außerdem kann ein Hofladen von den Besuchern profitieren und eine Verköstigung am Feld kann häufig von den auf dem eigenen Hof erzeugten Produkten erfolgen. Im Rahmen von Angeboten wie „Ferien auf dem Bauernhof" kann ein in der Nähe liegendes Feldlabyrinth eine zusätzliche Attraktion sein, die potenzielle Gäste veranlasst, sich für eben diesen Hof zu entscheiden (HESSE, 2006).

Die meisten Organisatoren haben einen landwirtschaftlichen Betrieb mit Ackerbau und Viehhaltung und der Mais ist Bestandteil der Fruchtfolge. Andere wiederum haben beispielsweise einen Obstbaubetrieb mit Ferienwohnungen und einem angegliederten Bauerncafé. Ein befragter Betrieb ist rein auf die Erzeugung nachwachsender Rohstoffe ausgerichtet und hat daher viel Mais im Anbau.

Es gibt aber auch Veranstalter, die nicht direkt aus der Landwirtschaft kommen. So wird das Eutinger Maislabyrinth von den örtlichen Vereinen auf einer gepachteten Fläche organisiert und angelegt. Jedes Wochenende übernimmt ein anderer Verein die Betreuung und gestaltet das Programm.

Neben den rein finanziellen Motiven haben die Veranstalter oft noch das Bedürfnis, den Besuchern landwirtschaftliche Themen näher zu bringen, oder zu einem bestimmten, auch nicht-landwirtschaftlichen Thema zu informieren. Dies geschieht meist in Form von Rätsel- und Suchspielen und durch Infotafeln an verschiedenen Stationen. Bei manchen Labyrinthen steht das reine Freizeitvergnügen im Vordergrund. Da gibt es neben Stempelstationen sehr oft Streichelzoos, Ponyreiten Maisschwimmbäder, Abendteuerspielplätze, Strohburgen, Heurutschen Lagerfeuer, Beach-Bars, wöchentliche Konzerte und andere Sonderveranstaltungen.

Abb. 2: Bubenheimer Spieleland mit Maislabyrinth

(Quelle: http://freizeitparks.deparkfinder/detail/ansicht/bubenheimer-spieleland/?featurekey=185)

Als ein Beispiel dieser Art von Maislabyrinth, welche mehr mit einem Freizeitpark gemeinsam haben als mit einem landwirtschaftlichen Feld, ist das Bubenheimer Spieleland zu nennen. Statt in die tragfähige Existenz ihres 100 ha - Ackerbaubetriebs zu investieren, baute das Ehepaar vor zehn Jahren einen Kinderfreizeitpark auf. Zum landwirtschaftlichen Betrieb gehören 100 ha Ackerland mit Bodenzahlen von 30 bis 85. Die Flächen werden ausschließlich von vier anderen Betrieben im Rahmen einer Betriebskooperation bewirtschaftet. Angebaut werden Zuckerrüben, Getreide, Raps, Mais, Möhren und Zwiebeln Das Spieleland beschäftigt vier festangestellte Mitarbeiter und bis zu 15 Saisonkräfte. Seit 1999 ist an das große Areal mit Spielgeräten und Attraktionen ein ca. 4 ha umfassendes Maislabyrinth mit Stempelstationen angegliedert (INTERNET 1, 2009).
Bei anderen Labyrinthen wird mehr Wert auf die Pädagogik und die Bildung gelegt. Es werden Lehr- , Lern- und Erlebnispfade angelegt, auf spielerische Art Wissen vermittelt und auch für die „Großen" wird Anspruchsvolles und Informatives geboten. Die Besucher sollen einen kleinen Einblick in die Landwirtschaft bekommen und für die Arbeit mit der Natur sensibilisiert werden. Es gibt auch Maislabyrinthe, in welchen die Kunst eine tragende Rolle spielt. Dort werden Kunstgegenstände ausgestellt, sowie künstlerische Workshops für Kinder und Erwachsene angeboten. Auch Lesungen und Theater und sogar Gottesdienste wurden schon im Mais abgehalten.
Mit Skulpturen für eine gentechnikfreie Landwirtschaft setzt sich der Verein *Zivil Courage* in Neumarkt ein. Das Labyrinth, welches auf der Fläche eines ökologisch wirtschaftenden Landwirtes angelegt wurde, hat die Form des Landkreises und seiner Gemeinden, damit sich die Gemeinden und Kommunen aus dem Landkreis direkt angesprochen fühlen. Zusätzlich zu den Infotafeln, die die Mitglieder von *Zivil Courage* in dem Maislabyrinth entlang der "Landkreisgrenzen" aufgestellt haben, sollen die Kunstwerke die Besucher zum Nachdenken über das Thema "Agrogentechnik" anregen. So gibt es beispielsweise eine "Gentechnik-Sackgasse", an deren Ende, den Besucher eine provokante Skulptur erwartet.
Im Jahr 2007 wurde auf dem Gelände der Bundesforschungsanstalt für Landwirtschaft (FAL) von zehn Forschungseinrichtungen aus der Region Braunschweig ein Maislabyrinth geschaffen. Mit einem Irrgarten sollten die „(Irr-) Wege der Forschung" gezeigt werden. Auf dem Maisfeld wurden die Forschungswege von 17 wissenschaftlichen Projekten in Form von Infotafeln, Spielen und Rätseln skizziert. Mit Sackgassen und Umwegen wollten die beteiligten Institute symbolisch verdeutlichen, dass man in der Wissenschaft oft mehr als einen Anlauf nehmen muss, bis man sein Ziel erreicht. (INTERNET 2, 2009).
Auf der Hessischen Staatsdomäne Frankenhausen, einem Versuchsbetrieb der Universität Kassel, wird seit 2005 jährlich von Studenten ein ökologisches Feldlabyrinth organisiert und angelegt. Dies geschieht im Rahmen einer Projektarbeit

und folglich sind immer andere Studenten involviert, welche das Labyrinth jedes Jahr selbstständig und individuell gestalten. Ein Anspruch der Studenten ist, dass es nicht einfach ein 'Spaßlabyrinth' wird, sondern auch einen gewissen pädagogischen Wert hat und auch Wissen vermitteln kann.

In fast jedem Labyrinth werden Sonderveranstaltungen angeboten, wie z.B. Nachtlabyrinth, Geisternächte, Konzerte, Workshops und Themenwochenenden. Bei den einen finden diese Veranstaltungen regelmäßig statt, bei anderen nur ein- oder zweimal während der Saison.

Ebenso vielfältig wie die Motivation der verschiedenen Veranstalter, ist die Gestaltung der Labyrinthe. Während die einen komplizierte figürliche Motive oder sogar ganze Bilder auf dem Feld umsetzten, so legen andere mehr Wert auf geometrischen Formen und die Nähe zum ursprünglichen Labyrinth. Meistens ist jedoch die Wirkung des Luftbildes sehr entscheidend für die Motivgestaltung, da

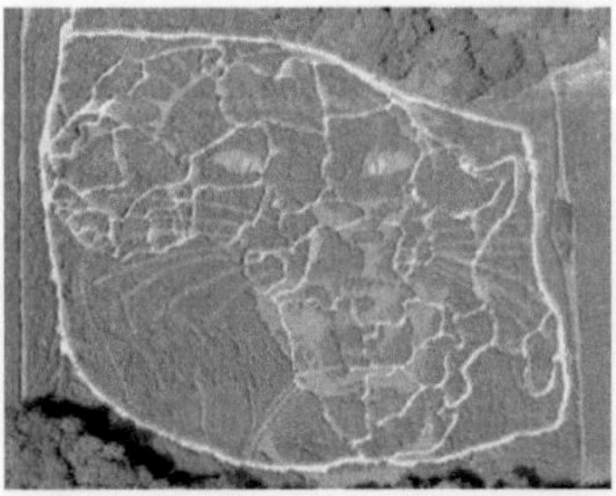

Abb. 3: Labyrinth Exornamentis 2008 mit Mais, Hanf und Sonnenblumen (Quelle: http://www.agrar.de/de/labyrinth-bilder.html)

Abb. 4: Maislabyrinth Eutingen 2004 (Quelle: http://www.maislabyrinth-eutingen.de/news/items/labyrinth-von-oben)

dieses sehr individuell ist und einen guten Wiedererkennungswert hat. Aufgrund dessen können Luftbilder gut zu Werbezwecken eingesetzt werden.

Wenn das Labyrinth unter einem bestimmten Motto oder Thema steht, so ist dies normalerweise im Motiv verbildlicht. Das Thema des Labyrinthes von *Abbild 5* war „Erlebe Afrika!", das Eutinger Maislabyrinth 2004 auf *Abbild 6* hingegen hatte kein Motto als Hintergrund.

Die 'Labyrinth-Designer' legen ihre Wegmuster auf sehr verschiedene Weise an, teils mit einfachen Hilfsmitteln wie Maßband und Schnüren, welche auf dem Feld gespannt werden, teils mit moderner GPS-Technik, mit der es möglich ist, Formen und Figuren vom Blatt, bzw. vom Computer exakt auf das Maisfeld zu übertragen. Sogar Vermessungsbüros haben auf den Trend 'Maislabyrinth' reagiert, indem sie professionelle Planung, sowie das Vermessen und Abstecken des Labyrinthes auf dem Feld anbieten.

3. Der Betriebszweig Maislabyrinth

Zur Beurteilung des ökonomischen Ergebnisses eines Feldlabyrinthes sind sowohl die landwirtschaftliche Betriebsebene als auch die Ausgaben und Einnahmen durch die Anlage zu berücksichtigen. Eine Analyse des Betriebszweiges Maislabyrinth im allgemeinen gestaltet sich jedoch aufgrund der Vielseitigkeit der umgesetzten Konzepte und den mangelnden Informationen an betriebswirtschaftlichen Daten als sehr schwierig.

Bei manchen Betrieben ist das Maislabyrinth nicht als eigener Betriebszweig anzusehen, sondern lediglich als Erhöhung des Deckungsbeitrages für den Maisanbau. Durch die erzielten Einkünfte steigt die Rentabilität des Maisanbaus, der dem Hauptzweck der Futtergewinnung oder Biomasseerzeugung dient, gewaltig, wodurch die erlittenen Verluste an Maispflanze durch Wege und randalierende Besucher finanziell gesehen schnell wieder ausgeglichen werden.

Bei anderen Betrieben ist der Mais, der am Ende geerntet wird, nur das Nebenprodukt, das Augenmerk hingegen liegt beim Labyrinth und allen Verdienstmöglichkeiten, die damit einher gehen. Diese Betriebe führen im Bezug auf das Labyrinth meist eine gut organisierte Marketingstrategie durch, mit den vier klassischen Säulen der Produkt-, Preis-, Kommunikations- und Distributionspolitik.

Das Labyrinth kann einerseits mehrere Betriebszweige eines Betriebes verknüpfen, als auch durch die Anbindung örtlicher Vereine einen aktiven Beitrag zum gemeinschaftlichen Dorfleben geben. Der Anbau, die Pflege und die Ernte erfolgen meist durch den Acker-/ Futterbau, von einem gut besuchten Labyrinth hingegen profitieren beispielsweise auch Hofläden, Bauernhof-Cafés, Blumenselbstpflückfelder, Ferienwohnungen auf dem Hof und in der Region, sowie andere z.B. im Dorf gelegene Einrichtungen.

Eine weiter Variante ist die Organisation eines Labyrinths durch nicht-landwirtschaftliche Vereine. Diese pachten das bestellte Feld bei einem Landwirt, lassen also alle Feldarbeiten von diesem ausführen und kümmern sich weiterhin um das Anlegen der Wege und Stationen, das Marketing, das Programm, die Restauration und um alles was sonst noch zu tun ist, um das Labyrinth erfolgreich werden zu lassen. Die erzielten Einkünfte werden unter den beteiligten Vereinen aufgeteilt.

Um einen kleinen Einblick in die Struktur der im Jahr 2008 in Deutschland angelegten Maislabyrinthe zu bekommen, habe ich eine Befragung der Veranstalter mittels eines per Email verschickten Fragebogens durchgeführt. Von den 65 verschickten Fragebögen wurden leider nur 20 beantwortet und zurückgeschickt.

Trotz der relativ geringen Beteiligung von gut 30%, die vielleicht durch den aufgrund der Weihnachtsfeiertage ungünstig gewählten Zeitpunkt Ende Dezember begründet werden kann, lassen sich einerseits einige Gemeinsamkeiten zwischen den Labyrinthen feststellen, andererseits ist auch deutlich die Individualität jeder einzelnen Anlage zu sehen. Die folgenden statistischen Angaben sind auf dieser Basis der geringen Beteiligung zu bewerten.

3.1. Ergebnisse der Umfrage

Die nun aufgeführten Angaben entstammen der getätigten Unfrage unter allen Organisatoren von einem Maislabyrinth, die ich ausfindig machen konnte. Unter *Anlage 1* ist der verschickte Fragebogen einzusehen.
Sieben der befragten Betriebe gaben an, Ackerbau mit Mutterkuh- oder Milchviehhaltung zu betreiben. Dies macht einen Anteil von 35 % der Gesamtzahl aus. Reinen Ackerbau betreiben fünf der Betriebe, also 25 %. Alle weiteren Betriebe kommen in ihrer Betriebsausrichtung unter den Befragten jeweils nur einmal, d.h. mit 5 % vor. Dabei ist ein Betrieb, der neben dem Ackerbau noch Sonderkulturen, wie Weinbau als Einkommensquelle nutzt. Ein weiterer Betrieb setzt auf Agrartourismus und hat neben dem Ackerbau noch Ferienwohnungen. Auch die Kombination von Obstbau (Süßkirschen) mit Ferienwohnungen und Bauern-Café ist zu finden, ebenfalls wie ein reiner Biogasbetrieb, welcher Ackerbau ausschließlich mit Energiepflanzen betreibt. Ein auf Mastschweine und Speisekartoffeln spezialisierter Betrieb, sowie ein sehr großes Unternehmen mit reinem Anbau von Sonderkulturen wie Spargel, Beerenobst und Kürbis gehören ebenfalls zu den Befragten. Des weiteren gibt es zwei Organisatoren, welche nicht aus der Landwirtschaft stammen. Im einen Fall wird das Labyrinth von den ortsansässigen Vereinen auf einer gepachteten Fläche angelegt, im anderen Fall ist das Labyrinth Bestandteil eines Freizeitparks an der Ostseeküste.
Auch in der Betriebsgröße der aus der Landwirtschaft kommenden Organisatoren sind von den durchschnittlichen gut 100 ha starke Abweichungen zu sehen. So ist der kleinste ein Ackerbau Betrieb im Nebenerwerb mit 19 ha und der größte ein Spargelbau und Beerenobst Betrieb mit 420 ha. Der nächst kleinere bewirtschaftet eine Fläche von 229 ha. Im Durchschnitt werden die 18 befragten landwirtschaftlichen Betriebe mit 5,9 AK bewirtschaftet, wobei dieser Wert bei lediglich 2,8 AK liegt, schließt man den größten Betrieb mit 60 AK von der Berechnung aus.
Mit der Frage nach der Anzahl der in den Vorjahren angelegten Labyrinthe stellte sich heraus, dass bei keinem Betrieb im Jahr 2008 das erste Labyrinth geplant wurde. Errechnet man den Durchschnitt, so kommt man auf eine Anzahl von 6,4

Labyrinthen, die inklusive 2008 auf den einzelnen Betrieben bereits angelegt wurden. Dabei reicht die Spannweite von 2 bis zu 11 angelegten Labyrinthen. Vier Betriebe, das bedeutet 20 % legten bereits zum achten mal, und ebenfalls vier Betriebe zum sechsten Mal ein Labyrinth an. Weitere vier Betriebe sind schon seit neun oder mehr

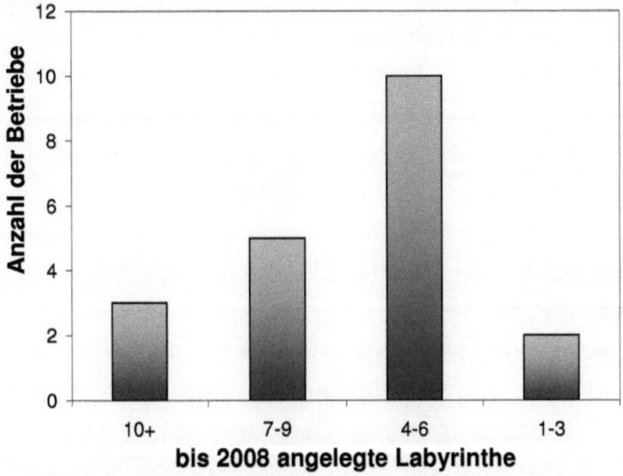

Abb. 5: Entwicklung der Anzahl der angelegten Maislabyrinthe bis 2008 (Eigene Darstellung)

Jahren in der Maislabyrinth-Szene tätig, wohingegen acht Betriebe erst fünf oder weniger Labyrinthe organisierten.

Auf der obigen Abbildung ist zu sehen, dass die meisten Betriebe vor vier bis sechs Jahren angefangen haben, ein Maislabyrinth zu konzipieren. Dies hat wahrscheinlich mit dem bereits oben erwähnten Wettbewerb zu tun, den das Deutsche Maiskommitee in den Jahren 2001 bis 2004 ausschrieb. Während vor zehn Jahren nur wenige Betriebe in diese Art von Nebenerwerb investierten, stieg die Anzahl in den darauf folgenden sechs Jahren stark an. In den letzten drei Jahren kamen dagegen nur noch wenige neue Betriebe dazu. Dieser Betrachtung ist zugrunde gelegt, dass die Labyrinthe in einem jährlichem Rhythmus angelegt wurden.

Die nächste Frage galt der Größe des im Jahr 2008 angelegten Labyrinthes. Hierbei stellte sich heraus, dass das durchschnittliche Labyrinth gut 3 ha groß war, wobei das mit Abstand größte Labyrinth mit 14 ha mit eingerechnet ist. Die Größe der 19 anderen Labyrinthe lag zwischen 1 ha und 7 ha.

Neben der Größe des Labyrinth gab es eine Frage nach der Länge der angelegten Wege. Nur 90 % konnten diese Frage beantworten. Die Mittlere Wegelänge lag bei 3336 m, schließt man auch hier den extremsten Wert von 18.000 m aus, so kommt man auf eine Länge von 2474 m mit einem Minimum von 800 m einem Maximum von 5000 m.

Bei 60 % der befragten Betriebe gibt es feste Anlagen, wie beispielsweise Kassenhäuschen, Möglichkeiten für Restauration, Toiletten, Zäune und Spielanlagen, die am Feld verbleiben und jährlich wieder genutzt werden. Einige Betriebe stellen für die Betreuung und Pflege des Labyrinthes zusätzliche Arbeitskräfte ein. Dies war bei 75 % der Betriebe der Fall, wobei durchschnittlich 2,3 AK zusätzlich zu den betriebseigenen Arbeitskräften beschäftigt wurden.
Um ungefähr abschätzen zu können, welcher Aufwand hinter den einzelnen Labyrinthen steckt, gab es die Frage nach der benötigten Planungs- und Vorbereitungszeit. Hierbei kam es zu ganz unterschiedlichen Ergebnissen. Der Durchschnitt liegt zwar bei 4,3 Monaten Vorbereitungszeit, jedoch schwanken die Angaben zwischen einem und zehn Monaten, wobei 15 % der Betriebe ein bis zwei Monate, 55 % drei bis vier, 20 % sechs oder sieben und 10 % sogar neun oder zehn Monate benötigten.
Ebenfalls interessant war die Frage nach den Öffnungszeiten. Hierbei wurde unterschieden zwischen der Öffnungsperiode, damit sind die Wochen zwischen Eröffnung und Schließung gemeint, und den wöchentlichen Öffnungszeiten. Während die Schwankungen bei der Öffnungsperiode sehr stark sind und die Labyrinthe zwischen fünf und 17 Wochen geöffnet waren, bei einem Durchschnitt von zehn Wochen, so hat die Mehrheit von 70 % an sieben Tagen in der Woche geöffnet. Vier Betriebe (20 %) haben nur am Wochenende und einer ausschließlich am Sonntag geöffnet. Das letzte Labyrinth hatte sechs Tage die Woche geöffnet und legte am siebten Tag einen Ruhetag ein.
Eine zusätzliche Verköstigung der Labyrinthgäste boten 80 % und 85 % hatten eine während den Öffnungszeiten besetzte Kasse. Lediglich drei Betriebe setzten auf die Ehrlichkeit der Besucher und hatten ausschließlich eine Kasse auf Vertrauensbasis. Die Eintrittspreise variierten sowohl bei den Kindern, als auch bei den Erwachsenen um einige Euro. So fingen die Preise für Kinder bei 1 € an und gingen hinauf bis 3 €, bei den Erwachsenen lagen die Preise zwischen 2 € und 4 €. Manche Organisatoren gewährten freien Eintritt für z.B. Kinder unter 4 Jahren, Kinder unter 1 m Körpergröße, Behinderten Personen, oder Betreuern von Gruppen und Mitgliedern von beteiligten Vereinen.
Wirft man einen Blick darauf, wie die verschiedenen Unternehmer für ihr Labyrinth warben, so lässt sich feststellen, dass das wichtigste Medium die Zeitung war. Alle gefragten Betriebe nutzten diese Möglichkeit, die Attraktion in der Region bekannt zu machen. Wie in *Tabelle 1* zu sehen, steht der Flyer als Werbemittel noch vor dem Internet und nimmt somit den zweiten Platz der Liste ein. Das Radio und das Fernsehen wird lediglich von 40 % bzw. 30 % genutzt und einen klassischen Infostand, z.B. auf den umliegenden Märkten, auf einem Hoffest oder ähnlichem betrieben sogar nur 10 %.

Manche Labyrinthe stehen unter einem bestimmten Motto oder Thema, welches meist die Grundlage für das Motiv, die Gestaltung und die Sonderveranstaltungen

Eingesetztes Medium	Anzahl der Betriebe (n=20)	Häufigkeit (in %)
Zeitung	20	100%
Flyer	19	95%
Internet	18	90%
Plakate	17	85%
Radio	8	40%
Fernsehen	6	30%
Videotext	2	10%
Infostand	2	10%

Tab. 1: Verteilung der eingesetzten Werbemittel (Eigene Darstellung)

bildet. Dies war im Jahr 2008 bei 55 % der befragten Betriebe der Fall. Man könnte meinen, dass ein fehlendes Thema weniger Besucher anlockt, allerdings korreliert diese Tatsache in keiner Weise mit den erreichten Besucherzahlen. Es ist sogar so, dass die Labyrinthe ohne speziellem Thema durchschnittlich 5857 Besucher anlockten, thematisierte Labyrinthe hingegen 5330. Dieser Unterschied ist allerdings nicht sehr gravierend. *Abbildung 8* bezieht sich auf die gesamten befragten Betriebe, unabhängig, ob das Labyrinth ein Thema hatte oder nicht. Hier ist zu sehen, dass der größte Teil der Betriebe, nämlich 40 % eine Besucherzahl von 4.000 bis 6.000 verzeichnen konnten, 35 % lagen sogar noch darüber.

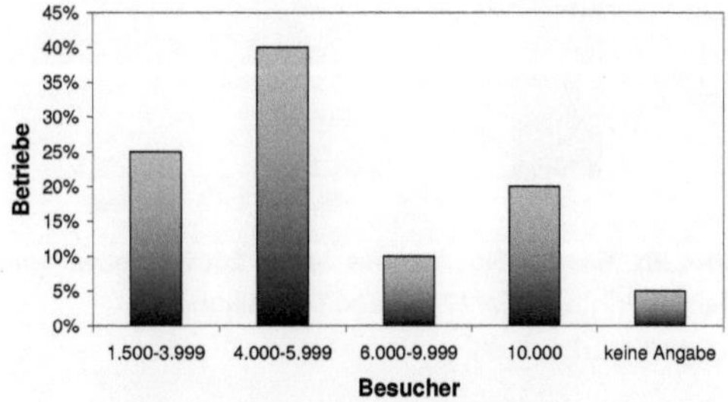

Abb. 6: Besucherzahlen (Eigene Darstellung)

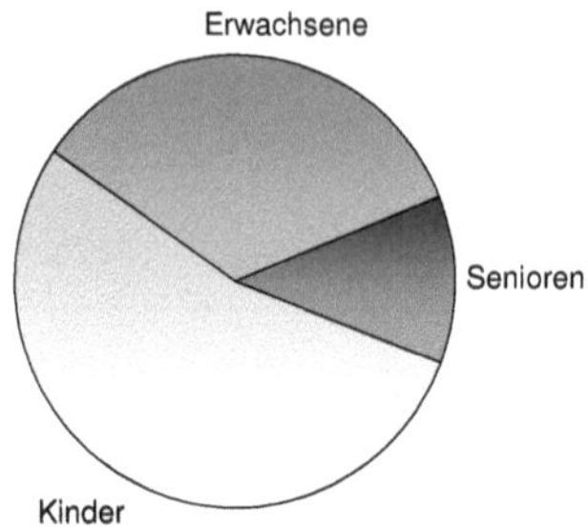

Abb. 7: Anteile der verschiedenen Altersgruppen an der Gesamtbesucherzahl (Eigene Darstellung)

Betrachtet man die Besucherzahlen in Abhängigkeit von den verschiedenen Altersgruppen Kinder, Erwachsene und Senioren, lässt sich feststellen, dass mehr als die Hälfte, nämlich 55 % auf die Kinder entfallen. Dies lässt sich auf *Abbildung 9* sehr gut nachvollziehen.

Die letzte Frage, welche lautete: „Haben Sie für nächstes Jahr wieder ein Maislabyrinth geplant?" hatte den Hintergrund, heraus zu finden, ob die einzelnen Organisatoren das Projekt Maislabyrinth für so rentabel halten, dass es sich lohnen würde es im nächsten Jahr wieder durchzuführen. Auf diese Frage antworteten 80 % mit Ja. 15 % legen im Jahr 2009 kein Labyrinth an, und bei einem Betrieb ist es noch nicht sicher. Bei den Betrieben, die im nächsten Jahr kein Labyrinth anlegen werden ist ein Betrieb eingerechnet, der einen zwei Jahres Turnus hat, also erst 2010 das

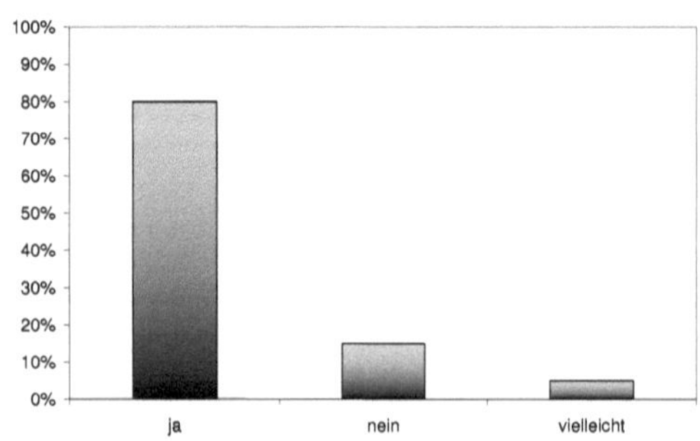

Abb. 8: Haben Sie für das Jahr 2009 wieder eine Maislabyrinth geplant? (Eigene Darstellung)

nächste Labyrinth organisiert.

3.2. Auswertung der Ergebnisse

Wie oben schon erwähnt, sind die gemachten Angaben auf der Basis der geringen Beteiligung von 20 % zu bewerten.
Bei den genannten Ergebnissen lässt sich sehr gut sehen, dass in 80 % der Fälle Maislabyrinthe auf Betrieben mit Ackerbau entstehen. Davon haben mehr als die Hälfte (56,25 %) entweder Vieh-, bzw. Mastschweinehaltung oder produzieren Energiepflanzen für Biogasanlagen. Bei all diesen Betrieben ist davon auszugehen, dass sie unabhängig von einem Maislabyrinth Mais anbauen, da sie ihn nach der Ernte innerbetrieblich verwenden können. Bei den verbleibenden 20 % ist nicht eindeutig, was mit dem Mais nach Schließung des Maislabyrinthes passiert. In dem Fall, wo das Feld nur für das Labyrinth gepachtet wurde, ist es sehr wahrscheinlich, dass auch hier der Mais von dem Landwirt innerbetrieblich weiter verwendet wird. Dies ist allerdings nur eine Vermutung, wofür es keinerlei Anhaltspunkte gibt.
Wirft man nun einen Blick auf die Größe der unterschiedlichen Labyrinthe und die Länge der angelegten Irrwege, so sieht man, dass das durchschnittliche Labyrinth eine Größe von 3 ha und eine Wegelänge von gut 3000 m hat. Dies kommt einem erst einmal sehr viel vor, aber wenn man bedenkt, dass das Labyrinth in Wahrheit ein Irrgarten ist, und man somit niemals alle Wege abläuft, sondern immer nur eine Kombination aus kleineren Teilstrecken, dann sind 3 km nicht mehr allzu viel. Sieht man im Vergleich dazu das größte Labyrinth mit 14 ha und 18 km Wegelänge, fragt man sich einerseits, wie lange man in diesem Irrgarten unterwegs ist und andererseits, ob es noch eine Freude für die Besucher ist, sich in einem so großen Labyrinth zu verirren. Betrachtet man die Besucherzahl in diesem Labyrinth, so stellt man fest, dass sie mit 3000 Besuchern weit unterhalb des Durchschnittes von gut 5550 Besuchern liegt. Mit 3 € für Kinder und 4 € für Erwachsene sind die Eintrittspreise auch dementsprechend hoch.
Will man vergleichen, wie groß der Aufwand ist, den die verschiedenen Betriebe betreiben, um ein Maislabyrinth zu organisieren, muss man sich die Vorbereitungszeit, die Öffnungszeiten und auch die Art der Kasse und das Angebot der Verköstigung ansehen. Auch hier ist der schon oben erwähnte Betrieb als extrem zu bezeichnen. Er benötigte zehn Monate Vorbereitungszeit, hatte während der Woche durchgehend mit einer besetzten Kasse geöffnet und bot Verköstigung an. Außerdem wurde für das Maislabyrinth eine zusätzliche Arbeitskraft beschäftigt. Bei diesem Betrieb ist der Aufwand als sehr hoch einzuschätzen. Errechnet man aus den Angaben für Öffnungsperiode, Besucherzahl, Eintrittspreis und Verteilung der Altersgruppen den erzielten Umsatz, so liegt dieser mit 10.800 € zwar nur knapp unter dem Durchschnitt von etwa 11.400 €, aber der betriebene Aufwand, solch ein

riesiges Labyrinth zu organisieren und zu betreuen ist als überdurchschnittlich hoch anzusehen.
Nimmt man zum Vergleich ein Labyrinth von 3 ha Größe, das nach nur drei Monate Planungszeit, sieben Tage die Woche ohne besetzter Kasse geöffnet war, wo keine Rastauration angeboten wurde und man Eintrittspreise von 1 € für Kinder und 2 € für Erwachsene verlangte, so hat man hier zwar nur einen Umsatz von 6800 € zu verzeichnen, jedoch ist der Aufwand, der dafür nötig war vergleichsweise gering.
Wie auf *Abbildung 7 (Seite 11)* zu sehen, war der Boom der neuen Maislabyrinthe vor vier bis sechs Jahren. In dieser Zeit haben 50 % der befragten Betriebe ihr erstes Maislabyrinth angelegt. Dem ging eine stetige Zunahme voraus, und danach kamen nur wenige neue hinzu. Dies kann vielleicht daran liegen, dass mancherorts durch die große Zahl an Labyrinthen die Nachfrage schon so gesättigt ist, dass es sich nicht lohnen würde, noch eines mehr anzulegen.
Aus den gemachten Angaben den Betriebe lässt sich einiges berechnen. Darunter auch der Gesamtumsatz, der Umsatz durch die einzelnen Altersgruppen und der gemachte Umsatz pro tatsächlich geöffnetem Tag.
Nimmt man die Angaben Besucherzahl, Anteil der Altersgruppe und den dazugehörigen Eintrittspreis und multipliziert diese miteinander, so erhält man als Ergebnis den Umsatz der durch die jeweilige Altersgruppe erreicht wurde.
Vergleicht man nun die Anteile der verschiedenen Altersgruppen an der Gesamtbesucherzahl (*Abbild 11*) mit dem Anteil der Altersgruppen am Gesamtumsatz (*Abbild 12*), so stellt man fest, dass zwar mehr Kinder ein Labyrinth besuchen, als Erwachsene und Senioren, aber für den Hauptumsatz doch die Erwachsenen verantwortlich sind. Dies lässt sich allein durch die höheren Eintrittspreise begründen. Mit diesem Ergebnis als Hintergrund wäre es ratsam, ein Labyrinth so zu konzipieren, dass es sowohl viele Kinder anlockt, als auch etwas für die

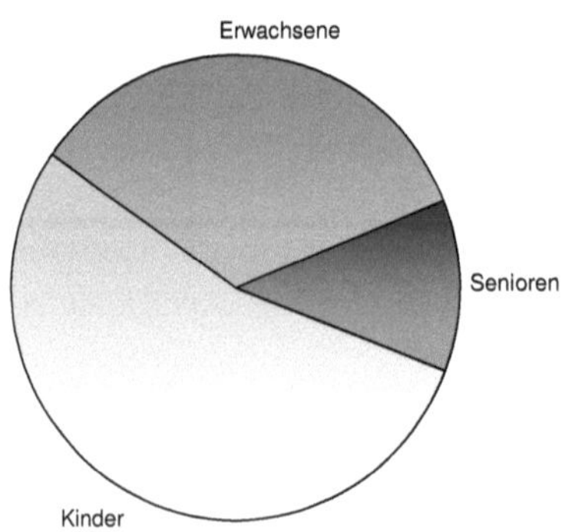

Abb. 9: Anteil der Altersgruppen an der Gesamtbesucherzahl (Eigene Darstellung)

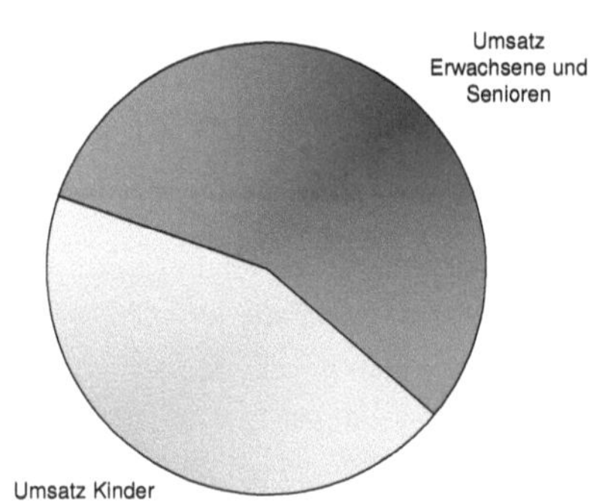

Abb. 10: Anteil der Altersgruppen am Gesamtumsatz (Eigene Darstellung)

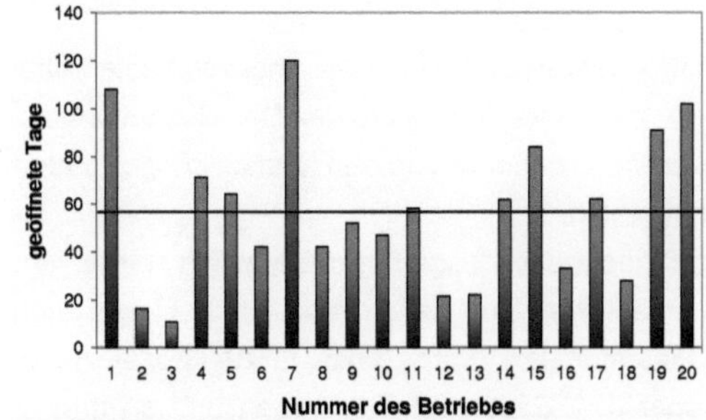

Abb. 11: Tatsächlich geöffnete Tage (Eigene Darstellung)

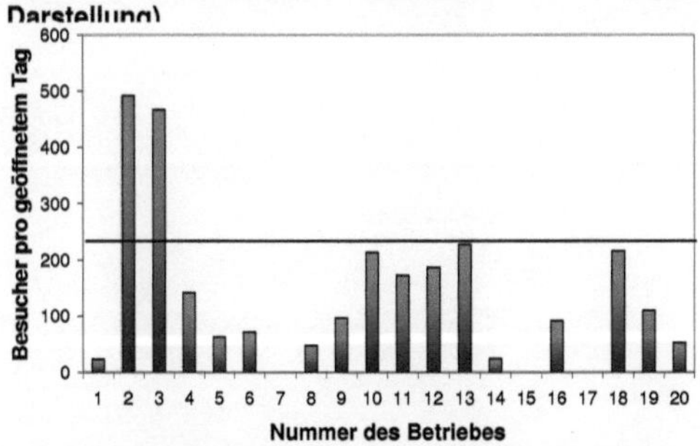

Abb. 13: Besucherzahlen pro tatsächlich geöffnetem Tag (Eigene Darstellung)

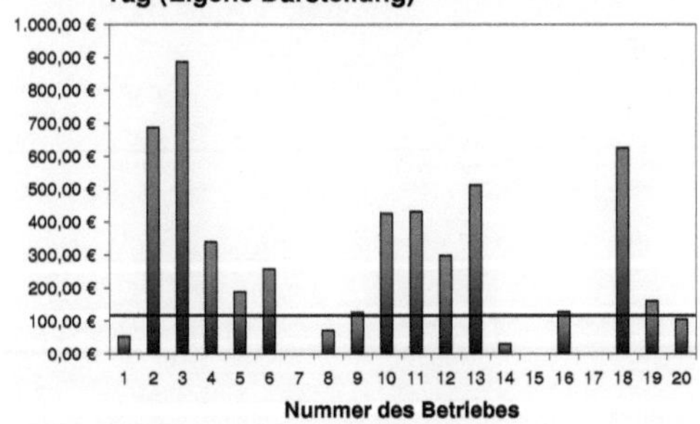

Abb. 12: Tagesumsätze der einzelnen Betriebe(Eigene Darstellung)

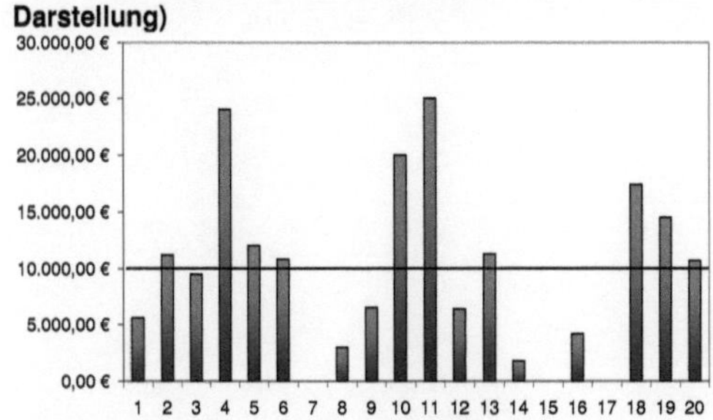

Abb. 14: Gesamtumsätze der einzelnen Betriebe (Eigene Darstellung)

Erwachsenen bietet. Kinder kommen in der Regel in Begleitung eines oder zweier Erwachsener. Bietet das Labyrinth nun auch Anspruchsvolles, ist es wahrscheinlicher, dass das Labyrinth auch von Erwachsenen ohne Kinder besucht und weiter empfohlen wird.

Will man den Umsatz und die Besucherzahlen pro tatsächlich geöffnetem Tag wissen, so muss man zunächst aus den Informationen zur Öffnungsperiode und zu den wöchentlich geöffneten Tagen die tatsächlich geöffneten Tage errechnen. Diese liegen bei durchschnittlich 57 Tagen mit einem Minimum von 11 und einem Maximum von 120 Tagen. Wie auf *Abbildung 13* zusehen, variieren diese sehr stark.

Die durchschnittlichen Besucherzahlen liegen demnach bei 158 Gästen pro Tag. Bei den Betrieben 7, 15 und 17 wurden keine Angaben zur Gesamtbesucherzahl gemacht, wodurch weitere Berechnungen nicht möglich waren

Kennt man nun die Anzahl der geöffneten Tage, so kann man leicht den täglichen Umsatz errechnen. Betrachtet man die *Abbildungen 15 und 16*, so sieht man, dass sowie die Tagesumsätze, als auch die Gesamtumsätze der befragten Betriebe stark variieren und viele das eingezeichnete Mittel um einige hundert, bzw. tausend Euro über- oder unterschreiten. Der Gesamtumsatz nicht unbedingt abhängig vom Tagesumsatz, sondern von den tatsächlich geöffneten Tagen und natürlich von den Besucherzahlen.

Mit 23 Besuchern pro Tag bei 108 geöffneten Tagen war Labyrinth 1 das am wenigsten besuchte und erzielte einen täglichen Umsatz von lediglich 52 €, was auch einen vergleichsweise geringen Gesamtumsatz vom 5625 € zur Folge hatte. Labyrinth 2 hingegen konnte sich über 491 Gäste am Tag freuen und an nur 16 geöffneten Tagen erzielte es einen täglichen Umsatz von 687 € bei einem durchschnittlichen Gesamtumsatz von 11.200 €.

4. Zusammenfassung

Das Anlegen eines Maislabyrinthes kann unter verschiedenen Gesichtspunkten ein durchaus sinnvolles Unternehmen sein. Neben der Möglichkeit eines Zusatzverdienstes bietet eine solche Anlage gleichzeitig die Chance, brisante Themen wie „Agrogentechnik“ einer Bevölkerungsgruppe näher zu bringen, die sonst kaum an dieser Thematik interessiert wäre. Aber nicht alle Veranstalter eines Maisirrgartens legen Wert auf ein pädagogisches. Es gibt durchaus Maislabyrinthe, die ausschließlich zur Bespaßung von Kindern angelegt worden sind, ohne irgendeinen tieferen Hintergrund.
Betrachtet man nun die Maislabyrinthe in Deutschland, so kann man feststellen, dass diese sehr vielfältig sind. Genau diese Vielfalt wird im vorliegenden Text dargestellt. Auf Basis der erfragten und errechneten Daten habe ich versucht, Vergleiche zwischen den einzelnen Konzepten anzustellen und die erlangten Ergebnisse zu bewerten.
Es ist möglich, einen nennenswerten Überschuss zu erwirtschaften, wenn die notwendigen Investitionen zum Erstellen der Anlage mit ökonomischem Sachverstand vorgenommen und von einem intensiven persönlichen Engagement begleitet werden. Bei einer sorgfältigen Auswahl der Örtlichkeit unter besonderer Berücksichtigung der Konkurrenzsituation, einer interessanten und originellen Gestaltung des Feldes sowie entsprechender Werbung lassen sich mit einem Feldlabyrinth in nur achtwöchiger Öffnungszeit bis zu 25.000 € umsetzen.

5. Verzeichnisse

Literaturverzeichnis

Hesse, M. (2006): *Leitfaden zur Erstellung eines ökologischen Feldlabyrinthes*; Diplomarbeit, Universität Kassel

Saward, J. (2003): *Labyrinthe und Irrgärten*; AT Verlag, Aarau und München

Schneider M. und Schneider N. (2004): *Rätselhafte Welt –Mysterien und Rätsel unserer Zeit-* ; Verlag Books on Demand GmbH, Norderstedt

Internet 1: http://www.bubenheimer-spieleland.de/index.htm (Stand: 03.01.2009)

Internet 2: http://www.fal.de/cln_045/nn_792560/DE/aktuell/veranstaltungen/mais-labyrinth/nachricht__irr_28wege_29.html__nnn=true (Stand: 03.01.2009)

Internet 3: http://www.agrar.de/labyrinth/ (Stand: 03.01.2009)

Abbildungsverzeichnis

Tabellenverzeichnis

6. Anhänge

Fragebogen Maislabyrinth 2008

Allgemeine Angaben

Betreibsausrichtung (z.B. Vieh; Ackerbau, Sonderkulturen, ökologische Bewirtschaftung...):

Betriebsgröße: ha

Familienbetrieb: ☐ ja ☐ nein

Arbeitskräfte: AK

Maislabyrinth 2008

Wie oft haben Sie schon (inkl. 2008) ein Maislabyrinth angelegt? mal

Welche Größe hatte Ihr Maislabyrinth 2008? ha

Welche Wegelänge war angelegt? ca. m

Gibt es feste Anlagen am Feld, die jedes Jahr genutzt werden? (z.B. Kasse, für Verpflegung, Toiletten, Zäune, Spielanlagen...) ☐ ja ☐ nein

Wenn ja, welche?

Haben Sie zur Betreuung des Labyrinths während der Öffnungszeiten, z.B. für die Kasse zusätzliche Arbeitskräfte? ☐ ja ☐ nein

Wenn ja, AK

Wurde Verköstigung angeboten? ☐ ja ☐ nein

Gab es während der Öffnungszeiten eine besetzte Kasse, oder eine Kasse auf Vertrauensbasis? ☐ besetzt Kasse ☐ Kasse auf Vertrauensbasis

Wie hoch waren die Eintrittspreise? Kinder / Ermäßigt € Erwachsene €

Freier Eintritt für:

Von wann bis wann war das Labyrinth geöffnet? TT.MM. bis TT.MM.

Wie waren die wöchentlichen Öffnungszeiten?

Wie lange vor der Eröffnung begannen Sie mit der Planung des Labyrinths? ca. Monate

Was war Ihre Motivation und Ihre Ziele?

Was wollten Sie den Besuchern „bieten“? (z.B. Bildung, pädagogischen Wert, Freizeitvergnügung...)

Wie haben Sie Ihr Labyrinth beworben?

☐ Flyer ☐ Plakate ☐ Internet
☐ Zeitung ☐ Radio ☐ Fernsehen
☐ Videotext ☐ Infostand auf Veranstaltungen Sonstiges:

Hatte Ihr Labyrinth ein Thema? ☐ ja ☐ nein
Wenn ja, welches?

Wie viele Besucher hatte das Labyrinth 2008 ungefähr? ca.

Wie war die Anzahl ungefähr auf die verschiedenen Altergruppen verteilt?
Kinder % Erwachsene % Senioren %

Haben sie für nächstes Jahr wieder ein Maislabyrinth geplant?
☐ ja ☐ nein ☐ noch nicht sicher

Wenn ja, steht schon ein Thema fest?

Darf Ihre Adresse und Ihre Kontaktdaten in einer Broschüre über Maislabyrinthe in Deutschland veröffentlicht werden? ☐ ja ☐ nein

Hier ist Platz für Ihre persönlichen Anmerkungen, Ideen und Anregungen

Vielen Dank für die Teilnahme!!